中华造物记
U0181761

送给孩子的

古代科技发明史

中华造物记

·发现现象和原理·

蓝灯童画◎编绘

科学普及出版社

·北　京·

图书在版编目（CIP）数据

中华造物记．发现现象和原理 / 蓝灯童画编绘．--
北京：科学普及出版社，2022.5（2025.1 重印）
ISBN 978-7-110-10411-8

Ⅰ．①中… Ⅱ．①蓝… Ⅲ．①技术史－中国－古代－
儿童读物Ⅳ．①N092-49

中国版本图书馆 CIP 数据核字 (2022) 第 016264 号

序言

古代中国是科技强国，我们的祖先更是擅长发明创造。除了造纸术、印刷术、指南针和火药这类人尽皆知的古代四大发明，我们的祖先还创造出了不计其数的发明，发现了各种原理，建造出了举世闻名的伟大工程。比如，由我国先民最先栽培的重要的粮食作物之一的水稻，随着秦始皇一同沉睡在秦始皇陵中的兵马俑，以及与现代的照相、投影技术息息相关的光学原理——小孔成像等，这些发明创造或是由先民历经千辛万苦才被创造出来的，或是在某些事物的基础上演变而成的。它们与我们的生活密不可分，为人类发展和科技进步作出了重大的贡献。

因此，我们选取了 32 种中国原创、具有代表性的古代重要科技成就，并将这些科技成就的由来和原理绘制成了这套《中华造物记》。本册的书名为《发现现象和原理》，以中国古代科技原理为主题，带领小读者们了解更多科学知识。

中国古代科技原理包含了很多内容，本册主要讲述了历法、天文、地理、中医等方面的原理及其发展历程。生于现代的我们可以享受先进的医疗设备和高超的医疗技术，但在死亡率很高的古代，中国先民是如何解决医疗问题的呢？我们现在所使用的历法又是从何而来呢？不要着急，翻开这本书，你就可以从书中找到这些问题的答案。

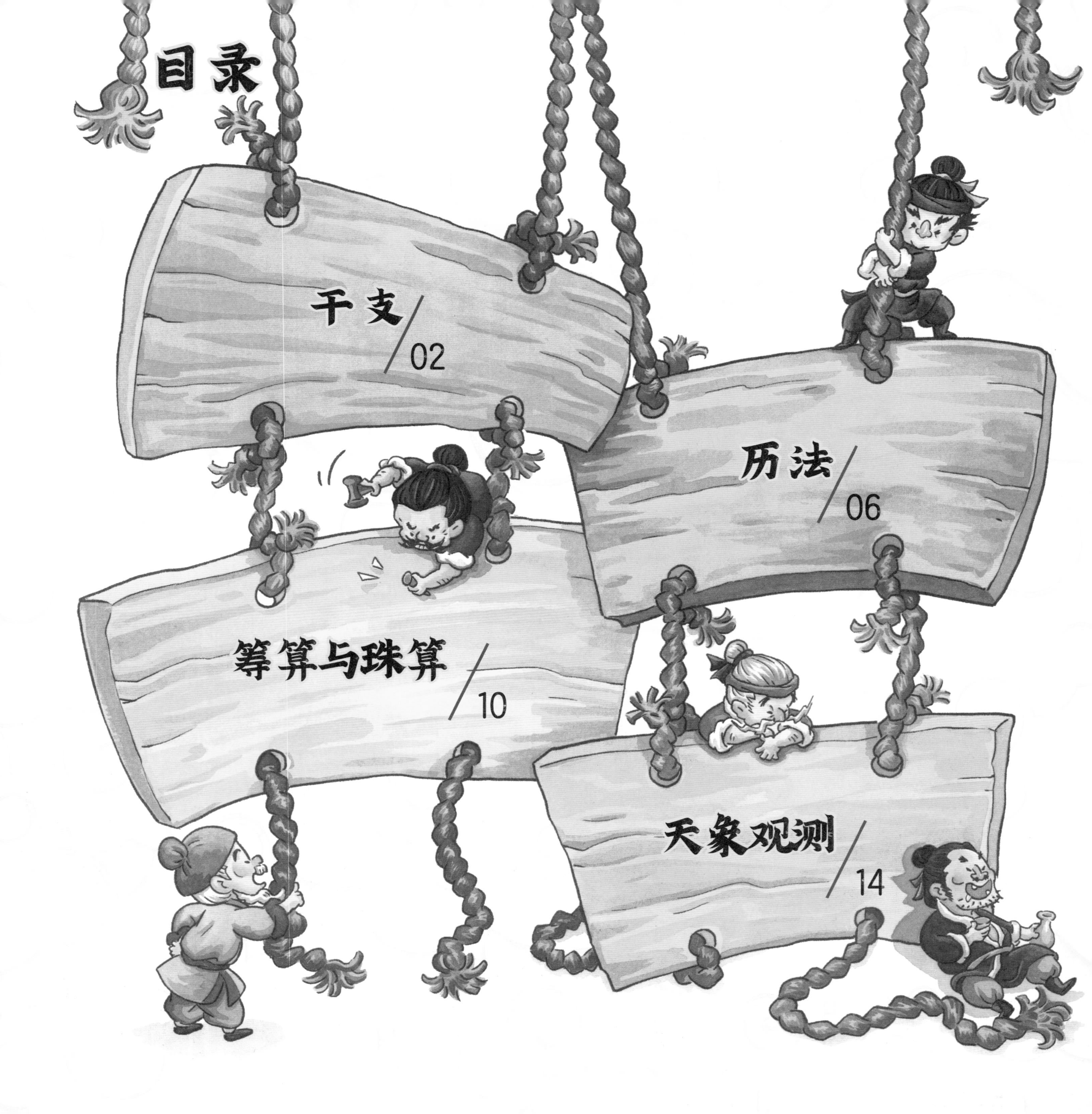
目录
干支 02
历法 06
筹算与珠算 10
天象观测 14

岩溶地貌考察/18
小孔成像/22
中医学/26
法医学/30

干支

干支可分为甲、乙、丙、丁、戊、己、庚、辛、壬、癸这十个天干和子、丑、寅、卯、辰、巳、午、未、申、酉、戌、亥这十二个地支，是中国古代重要的符号系统。干支主要用于纪时，也可用于表示方位。循环组合十天干和十二地支，我们就能得到六十干支啦！

干支纪时

从商朝后期开始，干支已普遍被用于纪日，而天干和地支结合起来用于纪月的时间则相对要晚一些。直到汉武帝时期，人们才逐渐用干支来纪年。人们每年采用一个干支表示年份，每六十年为一循环，俗称“六十花甲子”。

我们要想知道古代的某个干支年、干支日对应的是现行公历中的哪一年、哪一天，干支纪日法就能派上用场啦！只要稍加转换，日期就能一一对应上了。

六十甲子表

甲子	乙丑	丙寅	丁卯	戊辰	己巳	庚午	辛未	壬申	癸酉
甲戌	乙亥	丙子	丁丑	戊寅	己卯	庚辰	辛巳	壬午	癸未
甲申	乙酉	丙戌	丁亥	戊子	己丑	庚寅	辛卯	壬辰	癸巳
甲午	乙未	丙申	丁酉	戊戌	己亥	庚子	辛丑	壬寅	癸卯
甲辰	乙巳	丙午	丁未	戊申	己酉	庚戌	辛亥	壬子	癸丑
甲寅	乙卯	丙辰	丁巳	戊午	己未	庚申	辛酉	壬戌	癸亥

生肖与十二地支

十二生肖由鼠、牛、虎、兔、蛇、马、羊、猴、鸡、狗、猪这十一种现实中存在的动物和传说中的龙共同组成。古人在使用干支纪年时，巧妙融合十二地支与十二生肖，使每个年份都有相对应的生肖。比如庚子年是鼠年，甲辰年是龙年。

十二时辰

古人把一天的时间平均分为十二个时辰，子夜称为子时，相当于现在的24小时制的半夜23时至凌晨1时，按照十二地支的顺序依次向后排列。这种方法最迟在汉初就已经出现了，到了唐朝，古人又配上了天干。每个时辰相当于现在的两个小时。

宋朝以后，人们将一个时辰平分为“初”和“正”两部分，如“子初”和“子正”，每部分相当于现在的一个小时。

时辰	北京时间
子时	23:00 — 01:00
丑时	01:00 — 03:00
寅时	03:00 — 05:00
卯时	05:00 — 07:00
辰时	07:00 — 09:00
巳时	09:00 — 11:00
午时	11:00 — 13:00
未时	13:00 — 15:00
申时	15:00 — 17:00
酉时	17:00 — 19:00
戌时	19:00 — 21:00
亥时	21:00 — 23:00

干支与方位

子

西　　卯

午

除了纪时，干支还能表示方位。子、午、卯、酉分别表示北方、南方、东方和西方。

历法

在很早以前，古人就会根据天气和环境的变化来安排农业活动，例如通过观察树木是否发芽、冰雪是否消融来判断时节。他们发现季节的周期性变化和天象有关，于是开始“观象授时”，通过观察日月星辰来推定年、月、日，并制定历法。

世界上存在着多种历法，比如阴历、阳历和阴阳合历等。

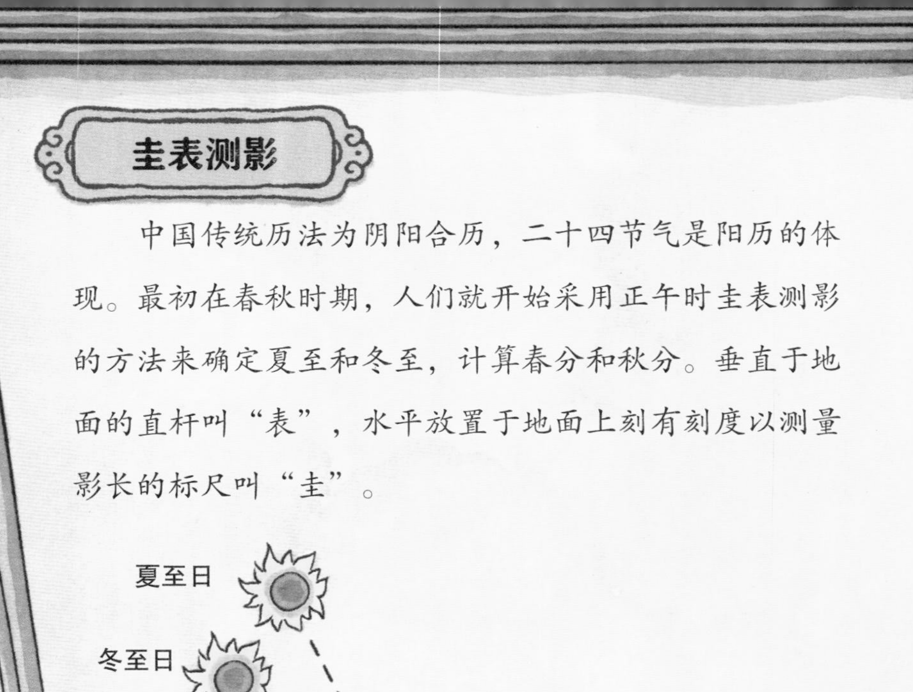

圭表测影

中国传统历法为阴阳合历，二十四节气是阳历的体现。最初在春秋时期，人们就开始采用正午时圭表测影的方法来确定夏至和冬至，计算春分和秋分。垂直于地面的直杆叫“表”，水平放置于地面上刻有刻度以测量影长的标尺叫“圭”。

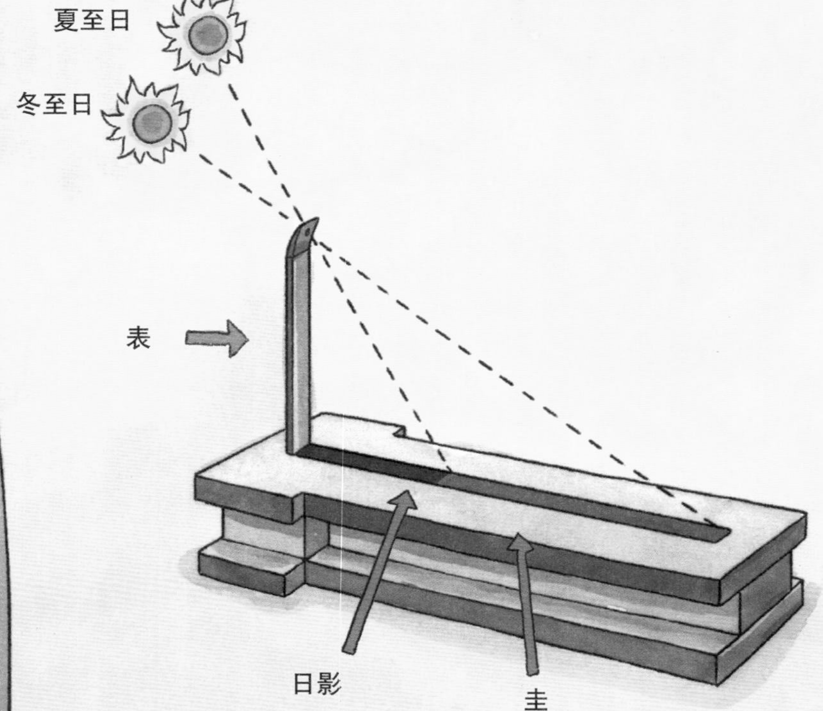

阴历

阴历和月相有关哦！古人将月亮从新月到满月、再从满月到新月的过程，称为“朔望月”。一个朔望月大约是 29.5306 天，相当于月球绕地球公转一圈所需的时间。

阴阳合历

我们现在所使用的农历是一种阴阳合历。阴历的一年有 12 个朔望月，合起来约 354 天，与阳历的一年相差了 11 天左右。为了解决阴历和阳历的时间差问题，古人每隔两至三年设置一个闰月。多出的这个月叫作“闰月”，跟在几月之后便叫作“闰几月”，而有闰月的这一年叫“闰年”。

二十四节气

二十四节气是指导古人农耕生产和日常生活的重要补充历法，也是农历的重要组成部分。我们的祖先把阳历的一年分成 24 等份，每一个节点叫作一个节气或中气。

为了方便记忆，人们编写了二十四节气歌：“春雨惊春清谷天，夏满芒夏暑相连，秋处露秋寒霜降，冬雪雪冬小大寒。”

在很早以前，原始人类就已经有了“数”的意识，会利用我们天生的“计算器”——十指来辅助运算。手指的计算范围终归有限，也无法存储结果。于是，人们把石头放进皮袋里，将贝壳穿成串……通过一一对应去数个数的方式来计数。

再后来，原始人类发明出了结绳和契刻的方法来计数或记事。随着人类文明的发展，筹算和珠算等计算方式也应运而生。

筹算

筹算是使用算筹进行计数和计算的一种方法。算筹是长短和粗细都一样的竹棍，有的算筹也会用木头、兽骨、象牙等材料制成。古人会将算筹放在算袋或算子筒里，系在腰间随身携带，需要的时候再随时取出，这是不是很方便呢？

摆棍子计数

在数学计算中，我们经常会用到十进制，算筹也是如此。算筹采用纵、横两种排列方式，每种排列方式都可以表示 1 到 9 这九个数字。

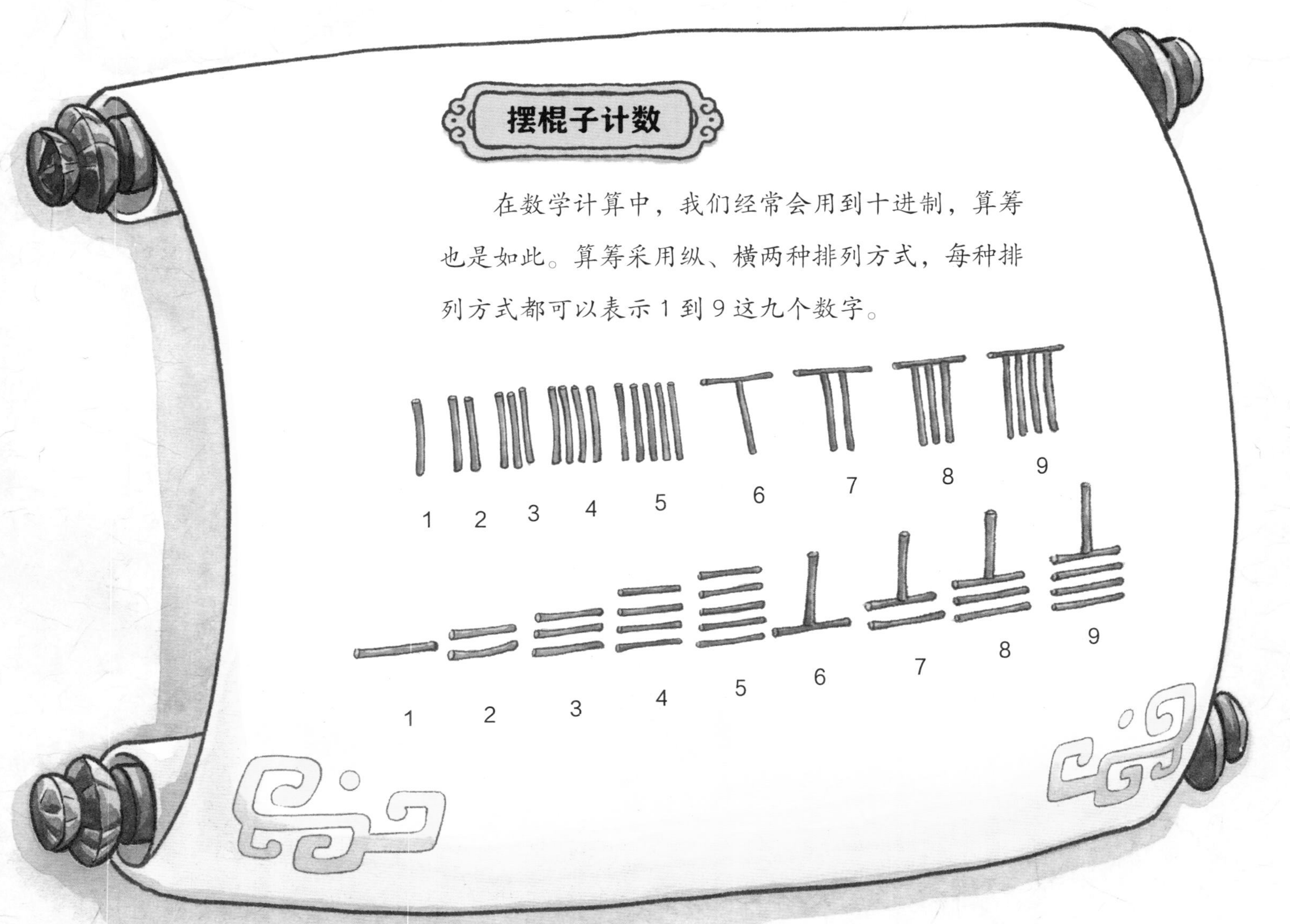

1971 年，考古学家从陕西省宝鸡市千阳县的一座西汉古墓中发现了一个丝袋，袋里装着一些保存完好、长短不一的骨制算筹。

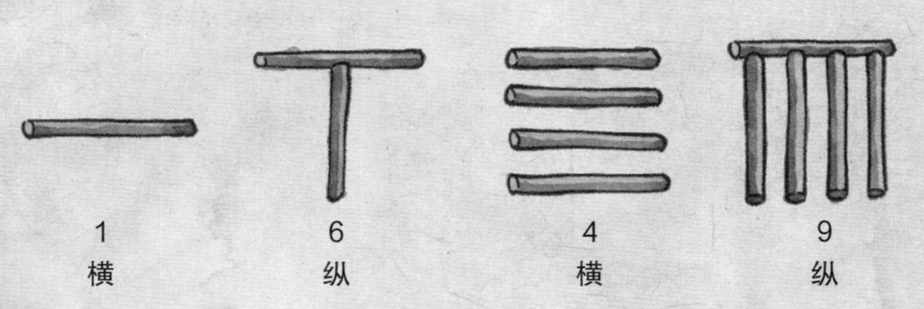

在表示多位数时，需要从左往右罗列数字，按照个位、百位用纵式，十位、千位用横式的规律进行排列。如果在计算中遇到“0”要怎么办？此时就需要留出相应的空位了。

珠算

珠算是以算盘为工具，运用口诀进行计算的一种方法。1800 多年前，“珠算”一词最早出现在了东汉数学家徐岳所著的《数术记遗》里。珠算不仅是我国的非物质文化遗产，还被誉为“世界上最古老的计算机”。

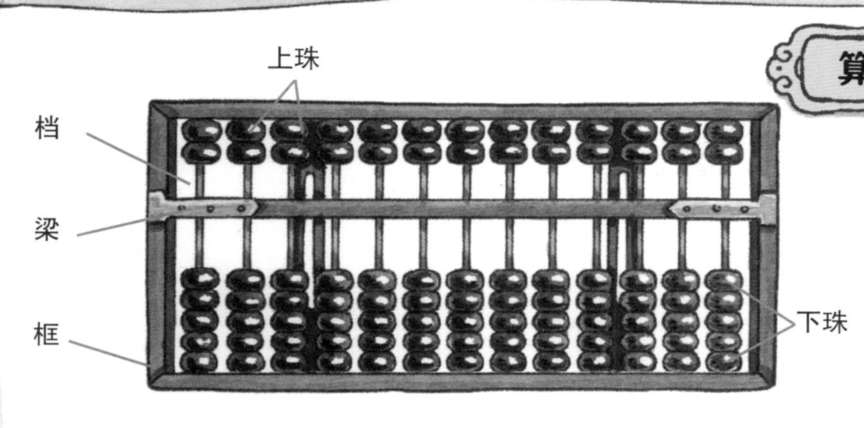

算盘

算盘由算筹演变而来。传统的算盘呈长方形，多为木制，分为框、档、梁、上珠、下珠五部分。竖着的“档”代表一个数位，被横着的“梁”分为上下两部分。梁上面的上珠，每颗代表“5”；梁下面的下珠，每颗代表“1”。

珠算采用“五升十进制”的进位方式。当每档有 5 颗下珠时，在本档升 1 颗上珠；当每档的总数满“10”时，向前一档进 1 颗下珠。

古画里的算盘

元朝画家王振鹏在《乾坤一担图》中绘制了一把算盘，算盘的梁、档、珠清晰可见。到了 16 世纪后期，珠算得以全面普及，筹算则渐渐消失了。

天象观测
中国传统文化强调“天人合一”，认为人与自然是相互依存、休戚与共的关系。所以我们的祖先和我们一样，也喜欢在夜晚抬头看星星。不过，古人观星可不只是看星星，而是因为他们十分重视天空中所出现的各种现象。
因此，历朝历代专门设置天文观测机构，修建天文台，令专人全天候不停地观测天象，不敢有丝毫懈怠。不仅如此，古人还为我们留下了丰富的天象记录，这些天象记录还被视为是全人类珍贵的科学遗产哦！

水运仪象台

水运仪象台是北宋科学家苏颂主持建造的大型天文仪器，也是世界上最古老的天文钟。

早在2000多年前，我们的祖先就已经发现并记录下了日食、彗星和太阳黑子等天文现象，其中的部分记录对现代天文学研究也产生了很重要的影响。

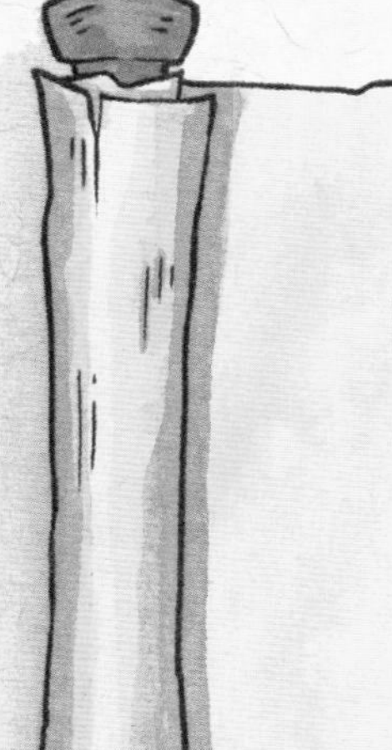

彗星

中国历史上有着1000多次关于彗星的记录，这些记录最早可见于公元前613年。彗星又称“扫帚星”，古人把彗星当作上天的警告，彗星的出现预示着世界即将发生严重的灾变，例如帝王的死亡、国家的灭亡，但其实这完全是没有科学依据的。

日食

日食也叫日蚀，当月球正好运行到太阳前面时，地球、月球和太阳处于一条直线上，月球遮挡住太阳射向地球的光线，日食现象就发生了。不过，不了解日食原理的古人误以为“天狗”把太阳给“吃”了，还会用敲锣打鼓的方式来吓跑“天狗”呢。

日全食

日偏食

日环食

太阳表面上那些黑色斑点其实就是太阳黑子。《汉书·五行志》中记载了公元前43年的一次太阳黑子现象，这是现在公认的世界上最早的太阳黑子记录，比外国确认太阳黑子的时间要早1000多年！

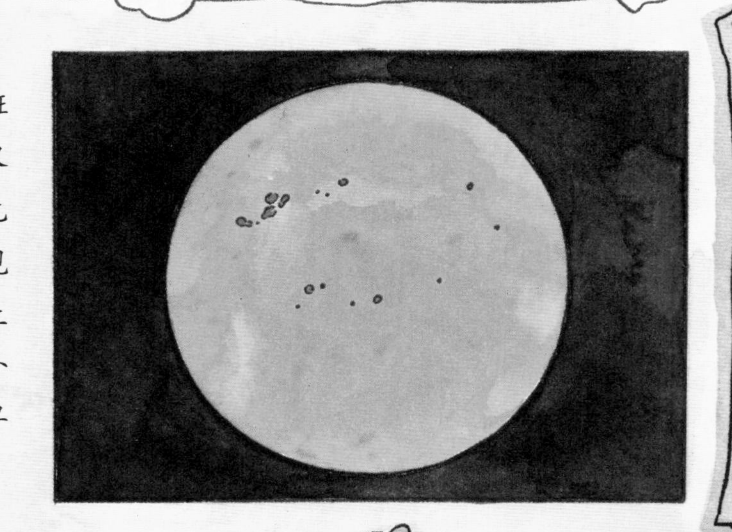

三垣四象二十八宿

说起星座，西方有人尽皆知的十二星座，中国也有二十八星宿。为了方便观测天象，中国古代天文学家将天空划分为若干区域，规划出了著名的三垣四象二十八宿。

三垣 三垣指的是紫微垣、太微垣和天市垣。紫微垣象征皇宫，太微垣象征行政机构，天市垣象征繁华街市。

四象 四象分布在三垣周围，指的是天空中东、西、南、北四个方向的星区，名字都和神灵有关。每一象包含七宿。

二十八宿 二十八星宿说的可不是28颗星星，而是我国古代天文学家为观测日、月、五星运行而划分的28个星区，每个星宿里都包含了若干恒星。不仅如此，古人还将星宿拟人神化，让星宿也有了“生命”。例如，位于西方的参宿是一位能征善战的武将。

《西游记》里的昴日星官指的就是西方的昴宿。昴宿常出现在冬日星空，天气好的时候，我们甚至能在天空中观察到7颗星，因此它也被称为“七姐妹”，即中国传说中的七仙女。

敦煌星图

敦煌星图是在敦煌经卷中发现的一幅古星图，是世界现存古星图中星数较多而又较古老的一幅，绘制于唐中宗时期（705—710年）。据统计，图上有标注的星星的数量有1350多颗哦！

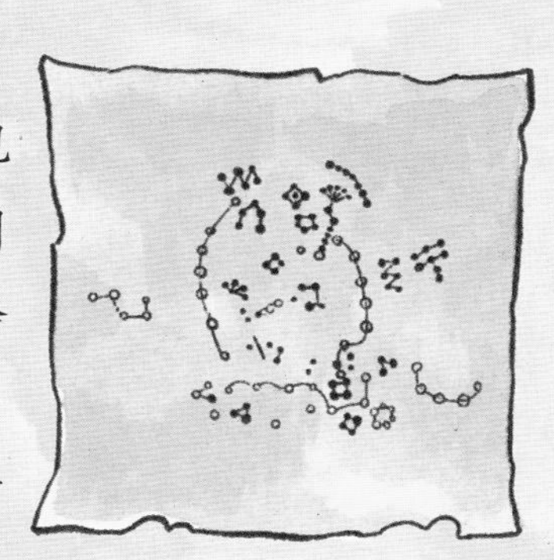

岩溶地貌考察

人们常说“桂林山水甲天下”，这句话中的“桂林”指的正是广西壮族自治区桂林市。这一带的地上不仅有奇峰突起，地下还有许多天然形成的溶洞。如此奇特的地貌其实有个很专业的名字，叫“喀斯特地貌”，我国也称之为岩溶地貌。

我们的祖先早在先秦古籍《山海经》中就留下了关于暗河“伏流”的记载。到了明朝，地理学家徐霞客更是亲临实地，详细勘察并研究了 300 多个岩溶洞穴。

地理学家徐霞客与《徐霞客游记》

徐霞客（1587—1641 年），名弘祖，字振之，号霞客。徐霞客一生志在四方，足迹遍布中国的名山大川。他所撰写的《徐霞客游记》是世界上第一部系统地记载和探索喀斯特地貌的巨著。

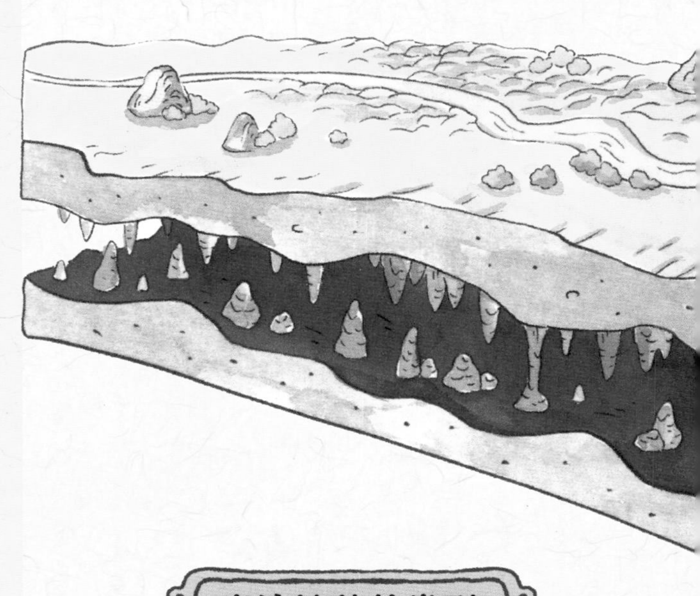

徐霞客在我国西南地区对岩溶地貌进行了为期 3 年的考察。他记述下了考察区域内几乎所有的热带、亚热带的岩溶现象，还对岩溶地貌的成因和地理分布作出了较为科学的解释。

岩溶地貌的类型

现代科学研究表明，岩溶地貌主要是石灰岩在水的溶解和侵蚀作用下形成的。经过漫长的岁月，地面上会渐渐形成石林、峰林、溶沟、天坑等景观，地下则会生出暗河和溶洞。

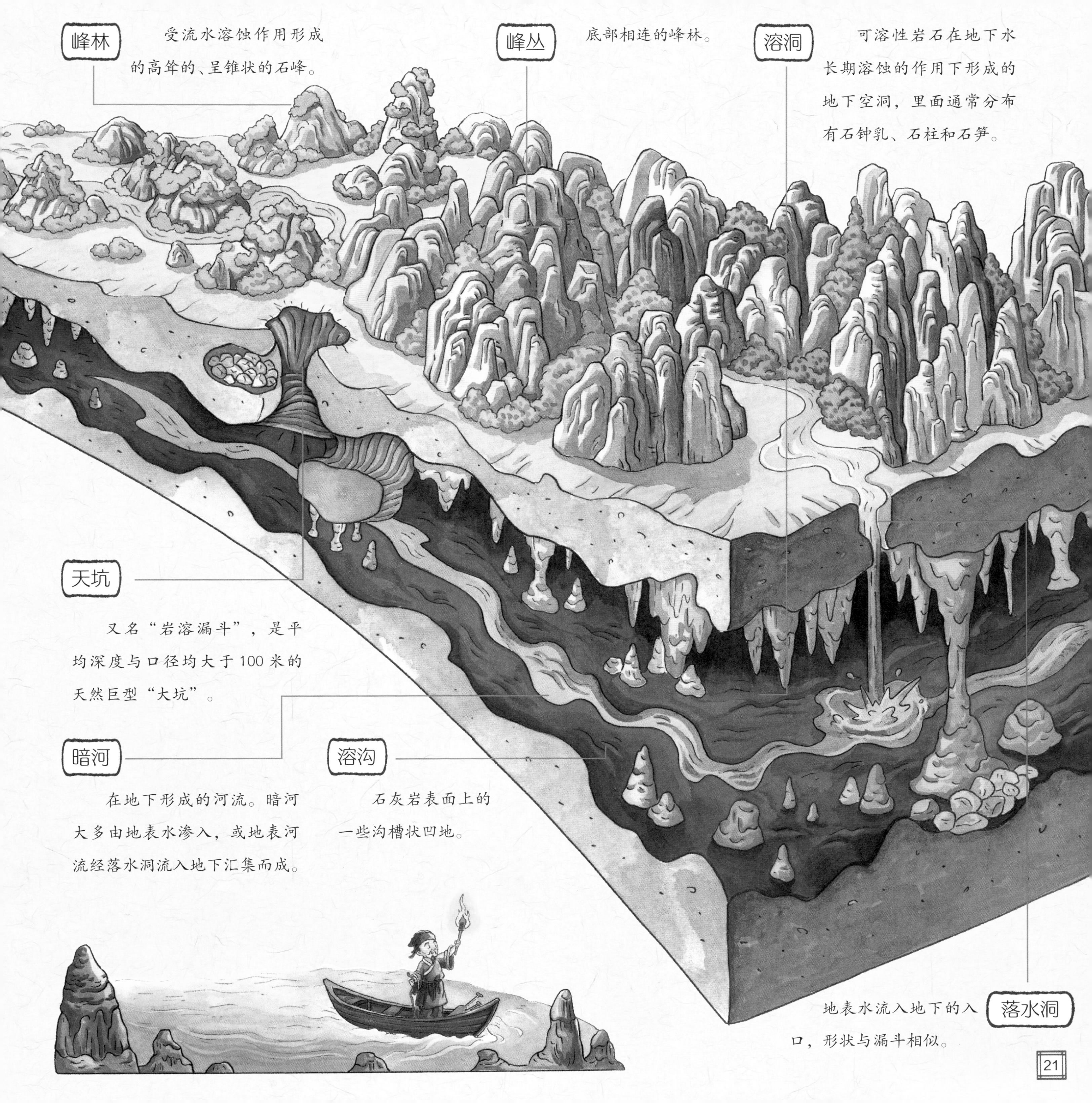
峰林
受流水溶蚀作用形成的高耸的、呈锥状的石峰。
峰丛
底部相连的峰林。
溶洞
可溶性岩石在地下水长期溶蚀的作用下形成的地下空洞，里面通常分布有石钟乳、石柱和石笋。
天坑
又名“岩溶漏斗”，是平均深度与口径均大于100米的天然巨型“大坑”。
暗河
在地下形成的河流。暗河大多由地表水渗入，或地表河流经落水洞流入地下汇集而成。
溶沟
石灰岩表面上的一些沟槽状凹地。
落水洞
地表水流入地下的入口，形状与漏斗相似。

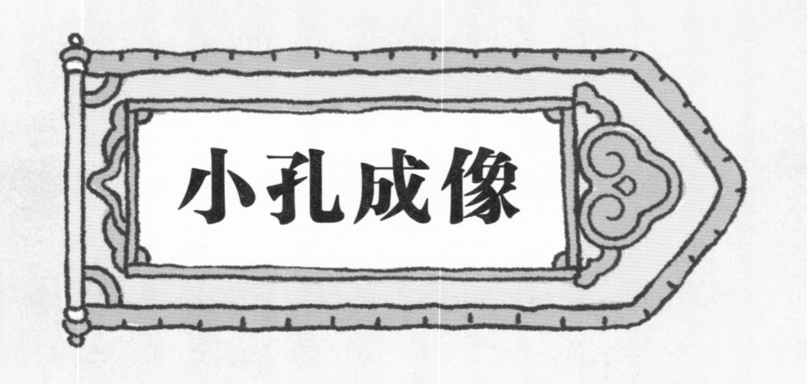

小孔成像

我们的祖先早在2000多年前的战国时期，就开始对光与影进行研究啦！《墨经》一书中所述及的小孔成像现象是世界上最早关于光学问题的论述。我们现在所用的照相、幻灯等技术都和小孔成像息息相关。

将一块带有小孔的挡板放在明亮的物体与屏幕间，屏幕上会形成物体的一个倒立的实像，这种现象便被称为“小孔成像”。

墨子的发现

《墨经》中有这样一段记载："景，光之入，照若射。下者之入也高，高者之入也下。足蔽下光，故成景于上；首蔽上光，故成景于下。"意思是说，光线犹如箭一般笔直向前。从物体下方射入小孔的光线到达屏幕的高处，从物体高处射入小孔的光线到达屏幕的低处。脚遮挡住下面的光，故成像在上；头遮挡住上面的光，故成像在下。这段话不仅说明了光沿直线传播的特性，还解释了小孔成像的原理。

颠倒的鸢影

北宋的沈括所著的《梦溪笔谈》中的记载用现在的话来说就是：老鹰在空中飞到哪里，影子就会随着老鹰"飞"到哪里。如果老鹰和影子之间的窗户上有个小洞，影子的移动方向便正好和老鹰相反。老鹰向东，影子向西；老鹰向西，影子向东。

“小罅光景”实验

到了元朝，科学家赵友钦为了深入研究小孔成像的原理，还专门以房屋作为实验室。他在《革象新书》第五卷的《小罅（xià）光景》一篇中，详细记录了这场大型光学实验。“小罅光景”指的就是“小孔成像”。

实验准备过程

1. 在左室地面上挖出一口约 2.45 米深的井，再在相邻的右室挖出一口约 1.23 米深的井。

2. 挖好后，将一张约 1.23 米高的桌子放入左井，使左井桌面的高度和右井底保持一致。

3. 在左井桌面上和右井底部各放置一块圆板，上面插 1000 多根蜡烛来模拟光源。

4. 分别将两块带孔的木板放在左、右两个井口上。

5. 在楼板上安装可活动的屏幕。

井底或桌面到木板的距离即为物距，地面到活动屏幕的距离即为像距。

通过调整孔的大小和形状、光源亮度、物距、像距等因素，赵友钦得出了很多有趣的结论：成像与孔的形状无关；孔的大小会影响成像的亮度，但不会改变成像的大小；当光源亮度、孔的大小和物距不变时，像距的改变会影响像的大小和清晰度……这是中国古代对小孔成像问题最为系统、完整的论述。

中医学

古时候既没有能检查身体内部的X光成像技术，也没有可以分辨各种病毒的电子显微镜，古人要如何找出生病的原因，然后再对症下药呢？和现代的大部分医院使用的西医体系不同，在古代中国，人们看病主要依照的是中医学体系。

早在三皇五帝时期，我国就已经有“伏羲制九针”“神农尝百草”等传说了。我们的祖先在生活的实践中不断探索，积累和总结出了一套中国传统医学体系——中医学。

药

经络和穴位

按照中医的说法，人体内有好几条运行气血的通路，这些通路把人体内的五脏六腑、四肢百骸、五官九窍、皮肉筋脉等全都联结了起来。其中，主要的通路叫作经脉，纵横交错的细小分支叫作络脉。

如果经脉和络脉都能正常运行，说明人体健康。如果经脉和络脉有被堵住或逆流的情况，说明人体有疾。

针灸

古代的医生发现用针法和灸法进行按摩，刺激穴道，就可以达到疏通经络、治疗和预防疾病的效果。这两种治疗方法合称为针灸。

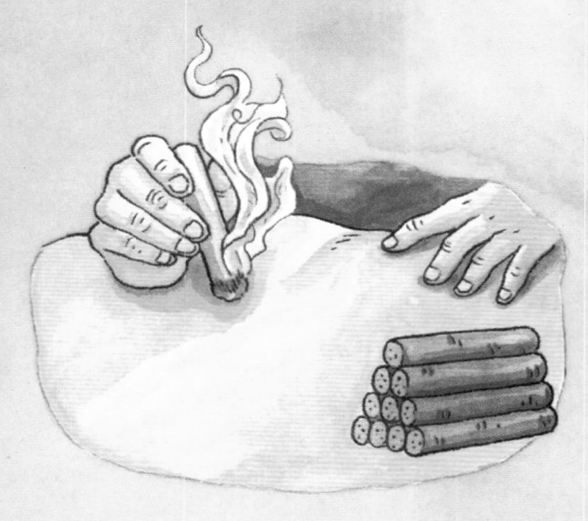

艾灸法

灸法是用艾叶捣制成艾绒，做成艾炷或艾条，点燃后熏灼体表穴位的治疗方法。

针刺法

针刺法是用又细又长的金属针具刺激穴位的治疗方法。据说，最早的针是用石片磨出来的，后来才逐渐演变成了由各种金属制成的治疗针。

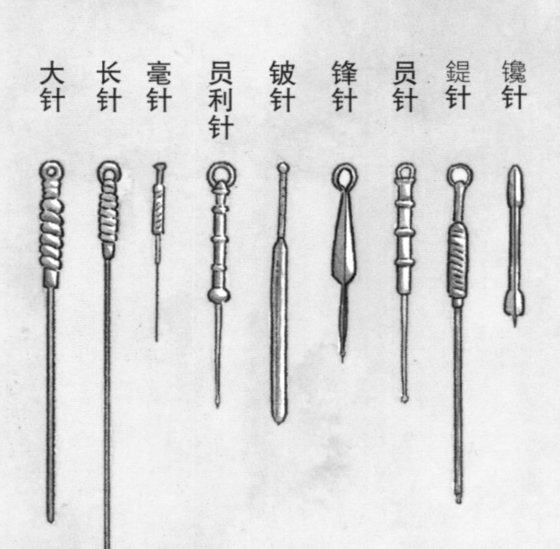

《黄帝内经》中提到的“九针”

针灸铜人

古人要怎么找到正确的穴位和经络位置呢？在宋朝以前，书中只有一些文字和图片对于穴位的记录；到了宋朝，御医王惟一铸造了专门教人辨认经络和穴位的针灸铜人。

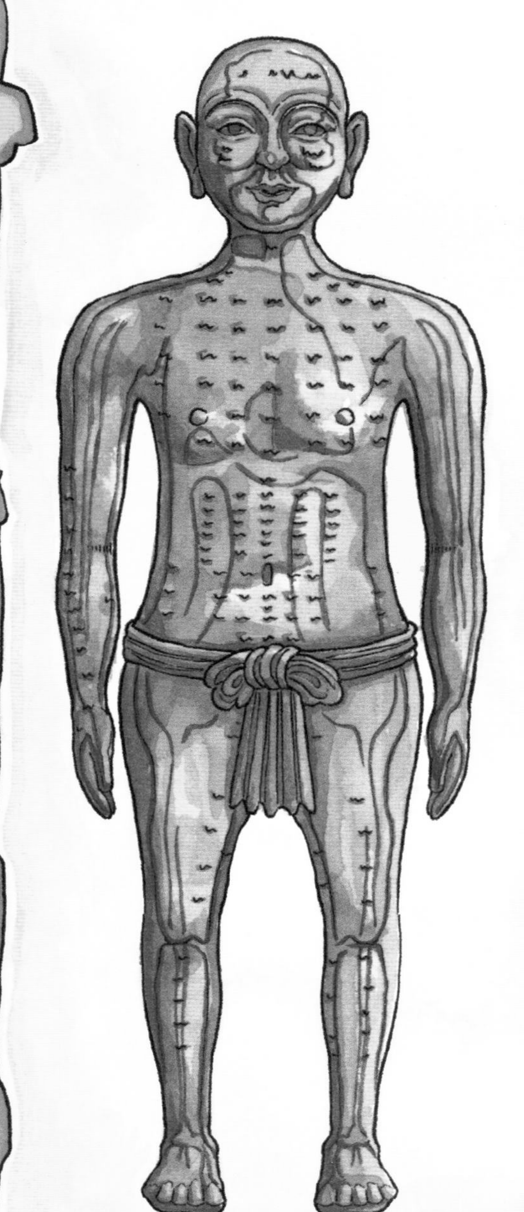

针灸铜人的高度与正常成年人差不多，上面清晰地标注出了人体的经络和穴位。它既是针灸教学的教具，又是考核用的模型。考试时，用蜡糊住铜人的所有穴位，再往铜人内部灌上水银。只有用针刺对了穴位，水银才会流出来哟。

中医诊断方法：四诊法

望

医生通过用眼睛观察病人的全身和局部表现等来收集病情资料，比如观察病人的脸色和舌象。

闻

医生通过用耳朵听声音或用鼻子闻气味的方式来诊断疾病，比如听病人有没有咳嗽、喘气的声音或闻他身上的气味。

医生会有目的地询问病人的病情和既往病史。

医生用手对病人体表某些部位进行触、摸、按、压，以了解病情。切诊包括脉诊和按诊。

中药

中药来源于天然药物及其加工品，是我国的传统药物，古人也习惯称之为本草。方剂指的是中医根据具体病证，选择适当的药物，组合各种药材，酌定剂量。

明朝医药学家李时珍编写的《本草纲目》被誉为“东方药物巨典”和“最伟大的本草学著作”，成书于 1578 年。全书共 52 卷，分为 16 部，60 类。

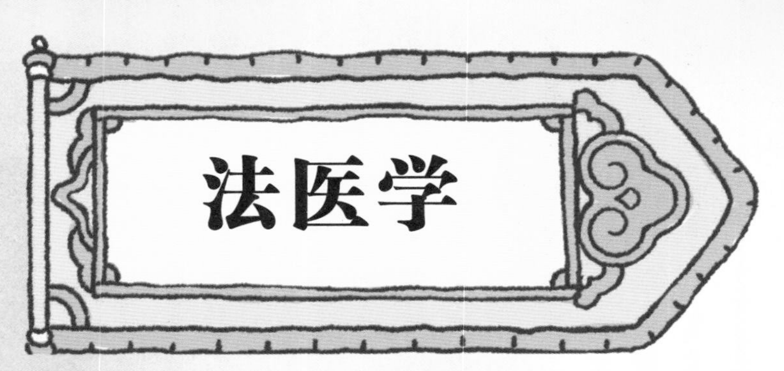

法医学

夏商时期，人们信仰神灵，当古人遇到疑难案件时，他们便会通过占卜来向上天寻求“答案”。从西周开始，司法制度逐渐发展完善。到了秦朝，办案时不仅要求“验尸”，还需要勘验现场，检验痕迹。

1975 年，湖北省孝感市云梦县的睡虎地秦墓中出土了 98 枚《封诊式》竹简。这些竹简就是秦朝时的司法报告。

神判与天罚

传说，上古时代有位名叫皋（gāo）陶（yáo）的大法官，他都会牵着独角神兽——獬（xiè）豸（zhì）去审判。獬豸能辨是非，通过是否用角顶人来说明被告是否有罪，它也是中国古代司法“公平正义”的象征。

宋慈与《洗冤集录》

宋慈是一名经验丰富的司法监察长官，多次被朝廷外派去审核在地方发生的命案。到了地方，宋慈却发现那些基层官员往往因缺乏尸检经验而错判案件。

为了解决这个问题，宋慈决定编撰一本尸体检验知识手册 。1247年，宋慈著成了《洗冤集录》，这也是我国现存的第一部系统的法医学专著。

古代验尸方法

《洗冤集录》一书介绍了尸体检验法规、现场验尸流程、尸体现象以及近30种死亡方式的尸体检验方法。

《洗冤集录》里的一些检验方法虽是经验之谈，却与现代科学的研究结果相吻合。比如纸伞验伤法就是利用了光学原理，迎光撑着红色明油伞，能够更容易地发现尸骨的伤损，查明真相。这种方法和现代的紫外线验伤差不多哦。

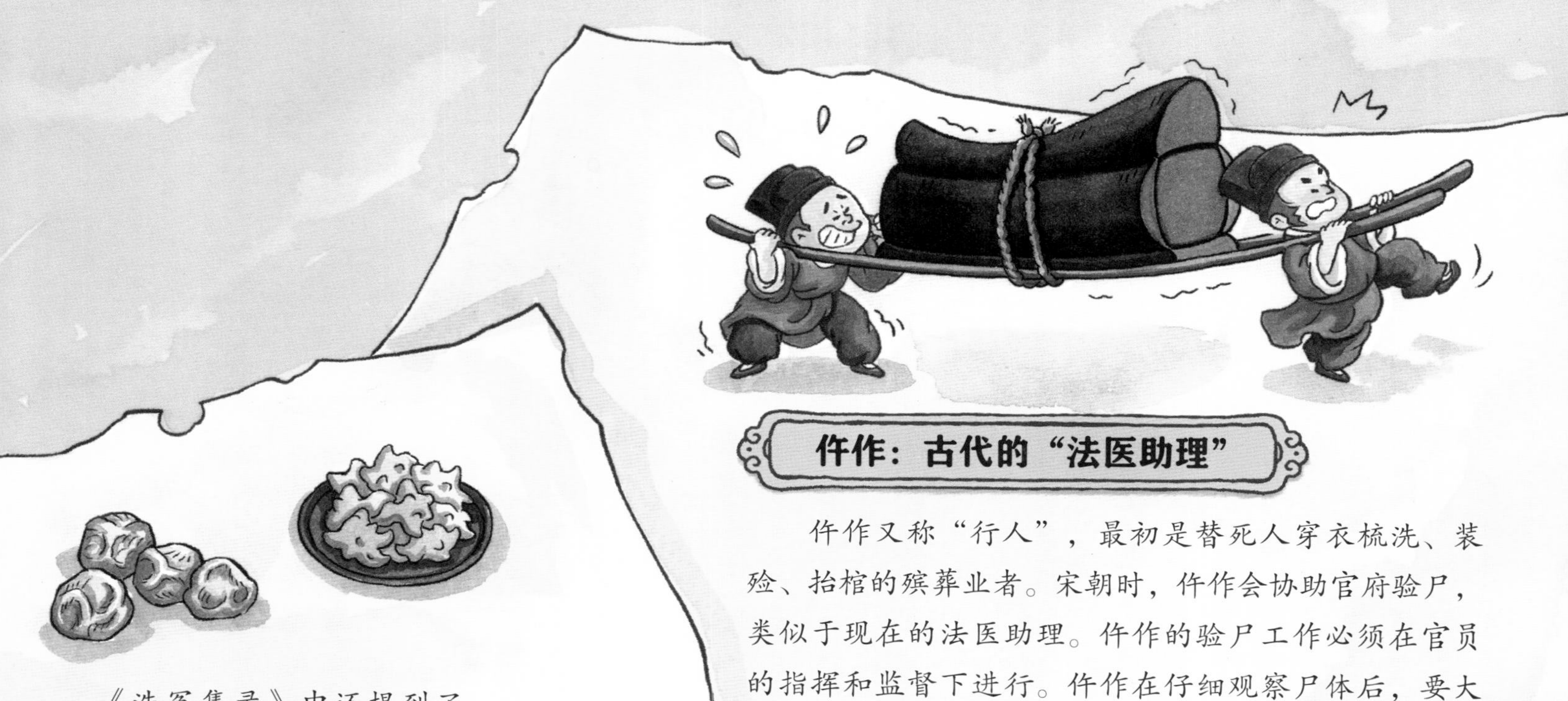

仵作：古代的“法医助理”

仵作又称“行人”，最初是替死人穿衣梳洗、装殓、抬棺的殡葬业者。宋朝时，仵作会协助官府验尸，类似于现在的法医助理。仵作的验尸工作必须在官员的指挥和监督下进行。仵作在仔细观察尸体后，要大声将所有细节当场报给主持官员，即使伤口不是致命伤也不例外。最后，由验尸官员得出鉴定结论。

《洗冤集录》中还提到了借助米醋、酒糟、白梅、五倍子等来处理伤痕、固定伤口、预防伤口在检验时因感染而发生变化，同时还可以令伤痕看起来更明显。与现代法医学相比，这些记载几乎与现代科学原理所差无几。

在唐朝，一旦发现尸检结果不实，仵作将会面临杖刑、坐牢等严厉的处罚，即便是失误也需要承担责任。宋朝明令禁止仵作“收红包”，还强调“回避”制度，即与案件有利害关系的人员，均不能参与验尸。

仵作的原则

仵作的工资虽低，但也不能受贿舞弊，弄虚作假。

磁针和罗盘

北宋时期，沈括在《梦溪笔谈》中提出了用天然磁石摩擦钢针的人工磁化法。他们将司南的勺状磁石换为小巧的磁针，并将托盘的形状由方形改为圆形。不过，怎样才能让磁针在托盘上自由旋转呢？快来看看古人是如何解决这个问题的吧！

缕悬法

将细线的一端用蜡黏在磁针中间，另一端悬在木架上，下面放有圆盘。无风时，让磁针自由旋转，确定方向。不过，缕悬法容易受到风的影响，并且无法在颠簸状态下使用。

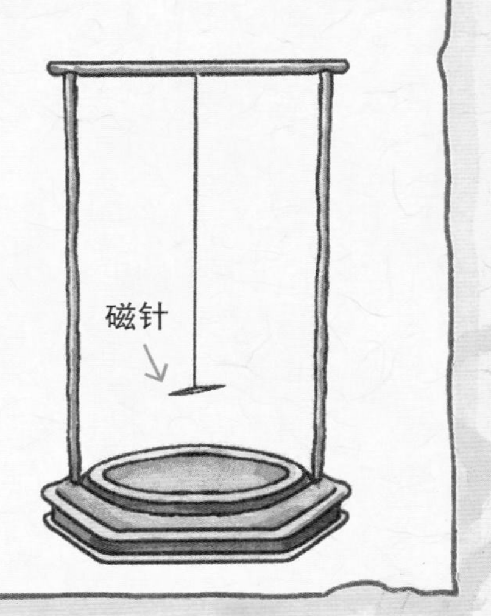

水浮法

将磁针穿过灯芯草，放在水面上，指
方向。唐朝末年，根据水浮法，人们发明
水罗盘。到了北宋时期，人们把水罗盘里
磁针做成两端尖锐的鱼形薄片，静置后，
头朝向的方向就是南方。水罗盘制造简便，
但定向不稳且容易漂浮。

磁偏角

早在唐朝末期，古人就已经知道磁偏角的存在了。他们发现磁针所指向的南、北方并不是地理上的正南、正北，它们之间存在一个偏差角度，即磁偏角。

支轴法

用支轴支撑起磁针，让它自由旋转，指示方向。南宋时期，旱罗盘出现了。这种罗盘无须用水，磁针在铜钉的支撑下便可旋转定向。和水罗盘相比，旱罗盘的制作较为精细，定向也更为稳定。

1985年，江西省抚州市临川区的一处南宋墓中出土了大批文物，其中的人俑像手里抱着的正是旱罗盘。

指南针的发展及应用

作为中国古代的四大发明之一，指南针作为一种指向仪器，被广泛运用于风水堪舆（yú）、航海、军事，以及测量和日常生活之中。北宋人在航海旅行时，会使用水罗盘来定位。

后来，中国的水罗盘和旱罗盘传入西方，西方人对旱罗盘进行了改造，最终制成了中西合璧式的旱罗盘。这种旱罗盘既灵敏，又方便，和现代罗盘仪相差无几。

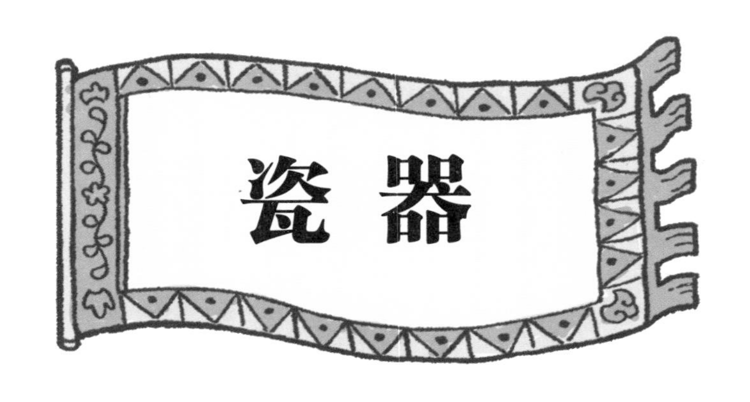

瓷器

中国有一种传统器物，因为其精美的外观和细腻的质地，受到世界各国人民的喜爱，它就是瓷器。我们最熟悉的瓷器应该是白底蓝纹的“青花瓷”，其表面上绘制着各种活灵活现的图案，显得素雅又端庄。

瓷器里凝结了许多古代精工巧匠们的心血与才智，“凭君点出琉霞盏，去泛兰亭九曲泉”，让我们一起去领略一下瓷器的魅力吧！

瓷器的诞生

商朝早期，在瓷器还没有诞生前，古人使用的是陶器。后来，在烧制白陶和印纹硬陶器时，器皿表面出现了一层油润光亮的“衣裳”，原本粗糙的陶器变得细腻且富有光泽。这层薄薄的“衣裳”就是“釉”。

后来，古人不断地提高处理工艺，选取更合适的原料，并在器皿表面施釉，创造出了原始瓷。原始瓷的出现揭开了中国瓷器时代的序幕。

唐朝之前

东汉晚期，位于浙江省绍兴市上虞区的越窑烧制出了晶莹剔透的青色瓷器，这些青色瓷器就是青瓷。越窑青瓷是中国最久远的瓷器之一，器形丰富，是世界公认的“瓷母”。

到了南北朝晚期，北方地区开始流行一种白瓷，质地如冰雪白银般精美细腻。白瓷产自河北省的邢窑。隋唐时期形成了以南方地区烧制青瓷、北方地区烧制白瓷为主的“南青北白”的制瓷手工业新格局。

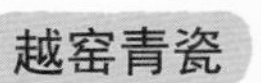

越窑青瓷

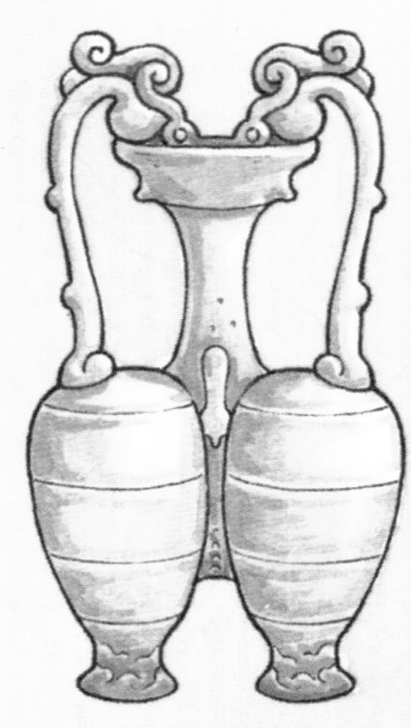

北朝白瓷

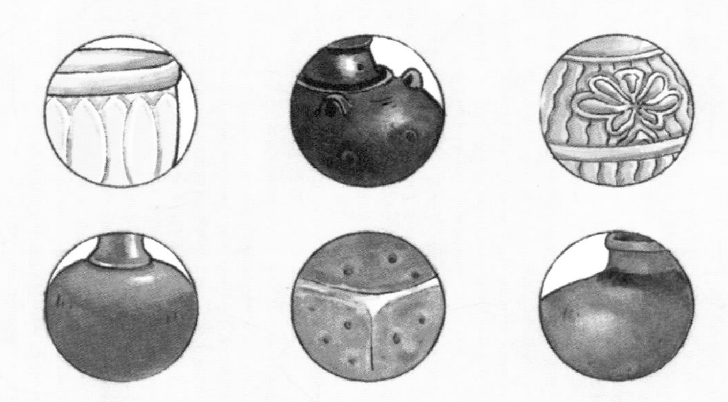

在唐朝以前，瓷器只有一种颜色，一般称之为单色釉或一道釉。单色釉瓷又分为素瓷和色釉瓷：素瓷指用天然釉色烧成的瓷器，比如青瓷、黑瓷、白瓷和青白瓷；色釉瓷则是人为往釉色中加入染料烧制的瓷器，色彩更加丰富，比如红釉、酱釉、蓝釉和黄釉等。

宋元时期

随着工艺技术的不断精进，宋元时期的瓷器的造型和色彩都变得多种多样，可以分为官窑和民窑两类。官窑指专门为皇帝等古代统治阶级烧制使用的瓷器，民窑则与官窑相对，指民家经营的窑。

宋朝五大名窑

宋瓷窑场首推汝窑、官窑、哥窑、钧窑、定窑，后人称之为“宋朝五大名窑”。

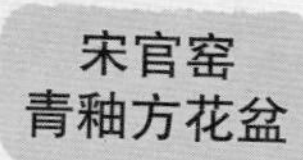

宋官窑
青釉方花盆

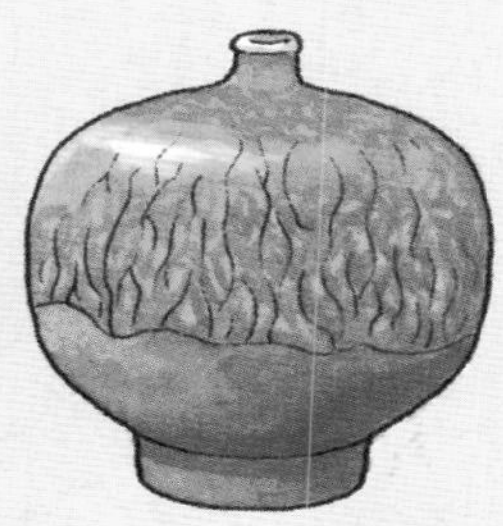

宋钧窑
钧瓷小口天球瓶

宋哥窑
青釉鱼耳炉

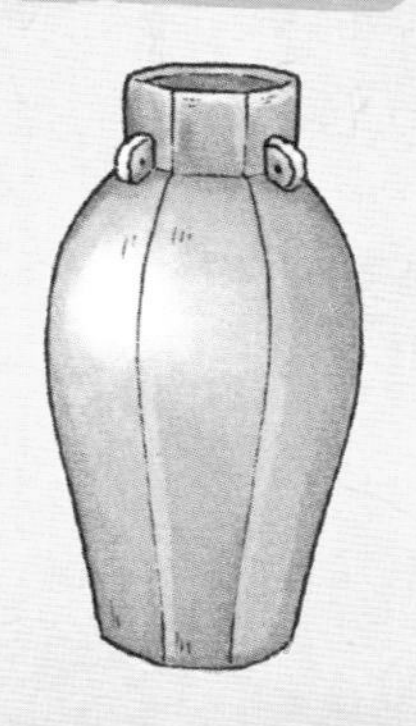

宋定窑
白釉八方四系瓶

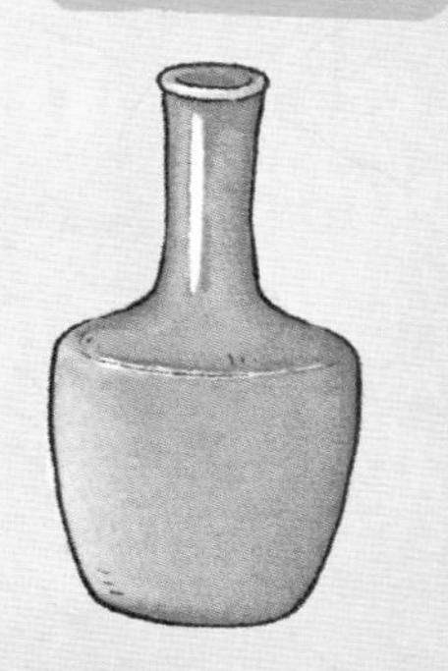

宋汝窑
青瓷奉华纸槌瓶

明清时期

在一代代精工巧匠的不断改进和创造下，制瓷工艺在明清时期登峰造极，青花、五彩、斗彩、粉彩、珐（fà）琅彩等各类彩瓷推陈出新、争奇斗艳，并在全世界掀起了一股瓷器潮。具有异域风情的“外销瓷”由此诞生，随着“海上丝绸之路”流传到欧洲、非洲、亚洲及美洲。

在英文中，“China”指的是“中国”，当开头的“c”小写时，这个单词在英文中也指“瓷器”。瓷器不仅魅力无穷，还在世界陶瓷史上有着举足轻重的地位。

斗彩

青花

五彩

粉彩

珐琅

粉彩

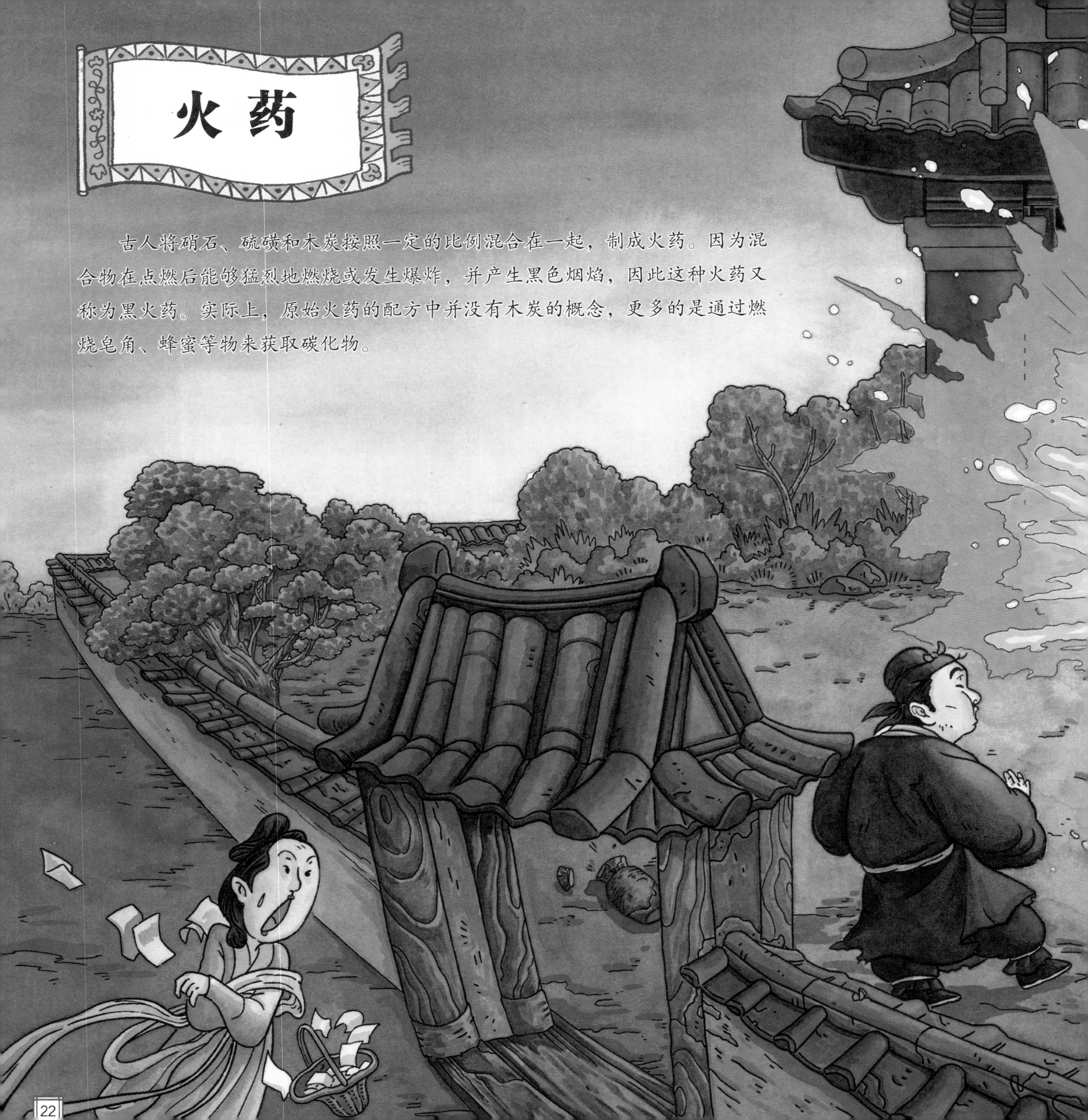

火药

古人将硝石、硫磺和木炭按照一定的比例混合在一起，制成火药。因为混合物在点燃后能够猛烈地燃烧或发生爆炸，并产生黑色烟焰，因此这种火药又称为黑火药。实际上，原始火药的配方中并没有木炭的概念，更多的是通过燃烧皂角、蜂蜜等物来获取碳化物。

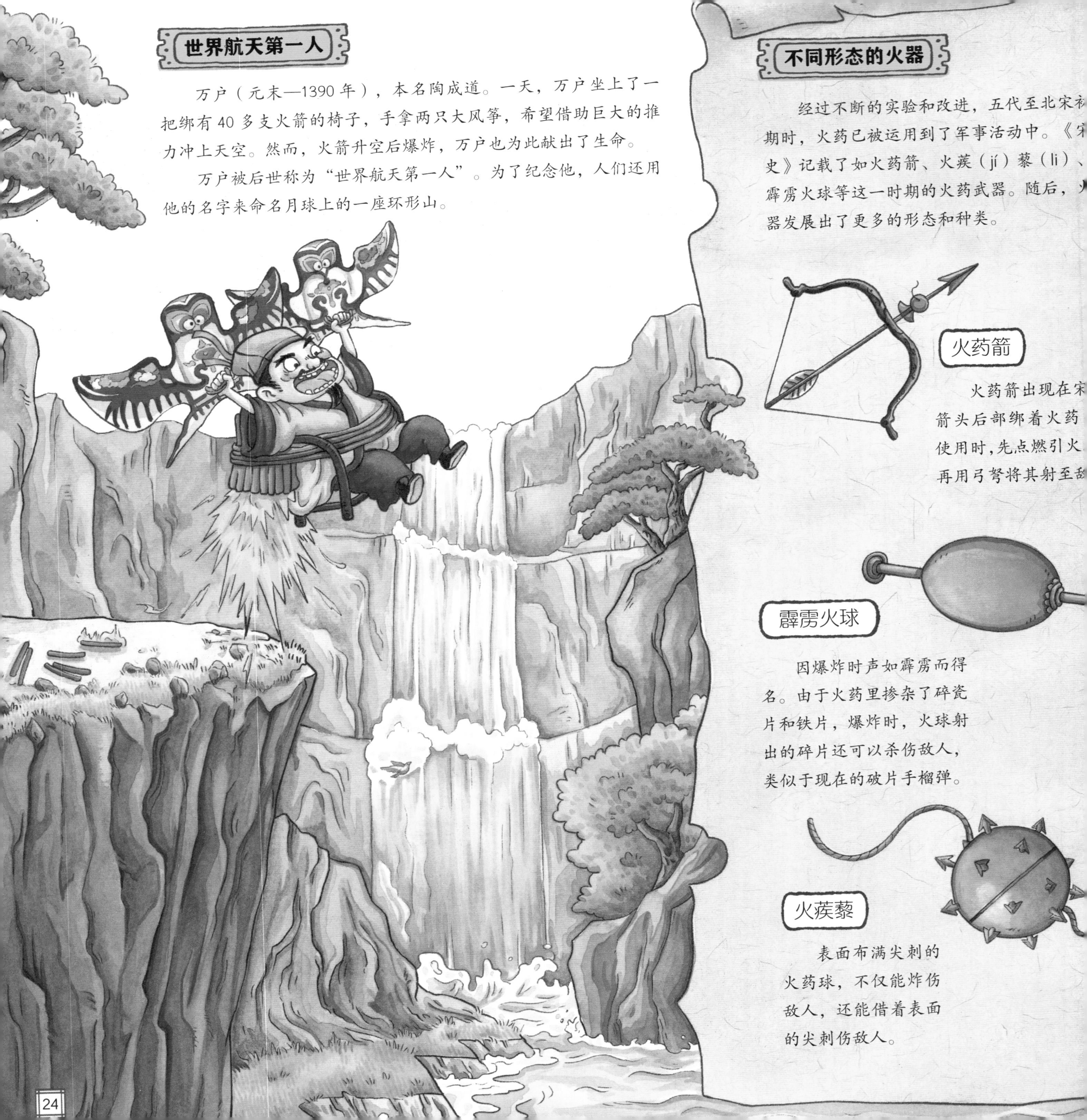

世界航天第一人

万户（元末—1390年），本名陶成道。一天，万户坐上了一把绑有40多支火箭的椅子，手拿两只大风筝，希望借助巨大的推力冲上天空。然而，火箭升空后爆炸，万户也为此献出了生命。

万户被后世称为“世界航天第一人”。为了纪念他，人们还用他的名字来命名月球上的一座环形山。

不同形态的火器

经过不断的实验和改进，五代至北宋初期时，火药已被运用到了军事活动中。《宋史》记载了如火药箭、火蒺（jí）藜（lí）、霹雳火球等这一时期的火药武器。随后，火器发展出了更多的形态和种类。

火药箭

火药箭出现在宋
箭头后部绑着火药
使用时，先点燃引火
再用弓弩将其射至敌

霹雳火球

因爆炸时声如霹雳而得名。由于火药里掺杂了碎瓷片和铁片，爆炸时，火球射出的碎片还可以杀伤敌人，类似于现在的破片手榴弹。

火蒺藜

表面布满尖刺的火药球，不仅能炸伤敌人，还能借着表面的尖刺伤敌人。

一窝蜂

明朝时发明的一种多发性火箭武器。筒形箭架里安置着32支通过引线相连的火箭，点燃后多支火箭同时发射，如蜂群一般飞出，可以攻击敌人。

突火枪

1259年，南宋寿春府所造的突火枪是第一种见于记载的管状射击火器。突火枪以巨竹管做枪身，内装火药和弹丸。使用时点燃火线，发射“子窠（kē）”。

火龙出水

两级火箭的始祖，发明于明朝。用竹筒做成龙身，腹内装入几支火箭；用木头雕制龙头、龙尾，放于竹筒两端。龙身两侧各装有两枚大火药筒，点燃后使“火龙”喷火而飞。待火药燃尽，龙腹内的小火箭将被引燃，从龙口直射出去，继续飞向目标。

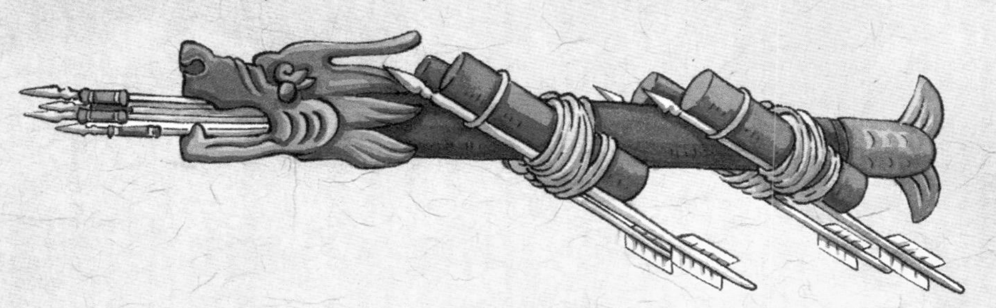

神火飞鸦

一种乌鸦形火器，发明于明朝。将竹篾（miè）编扎成乌鸦形框架，再用纸封糊。“乌鸦”内装有火药，身侧装有两支用来推进飞行的火药筒。

火药西传

早在八九世纪，火药的原料之一——硝石就已经跟随医药、炼丹术一起传到了阿拉伯地区。不过那时，硝石仅被运用在治病、冶炼金属和制作玻璃等方面。

13世纪，火药和火器分别经由商贸活动和战争，传入了阿拉伯地区。阿拉伯人通过中国火箭、火球等火药武器，掌握了火器的制造技术。

14世纪初，欧洲人从阿拉伯人手中获得了火药和火器的制作技术。

印刷术

在我国“四大发明”之一的印刷术发明之前，书籍都是由人工一笔一画、手抄誊写的，但手抄既费时，又费力，还容易错抄、漏抄，效率非常低下。于是，我们的祖先在印章、拓印、印染技术的启发下，发明出了雕版印刷术。自唐朝至清末，中国一直以雕版印刷为主。据估算，利用雕版反复印刷，一个印工一天可印完上千张，一块印板甚至可以连印上万次！

11 世纪中叶，毕昇（shēng）发明出了胶泥活字来进行排版印刷，而后还出现了木活字、锡活字、铜活字和铅活字等用其他材料制成的活字。

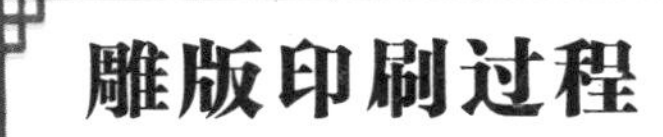

雕版印刷过程

1. 写样字

将文稿的正面粘贴在有一定厚度的木板上。

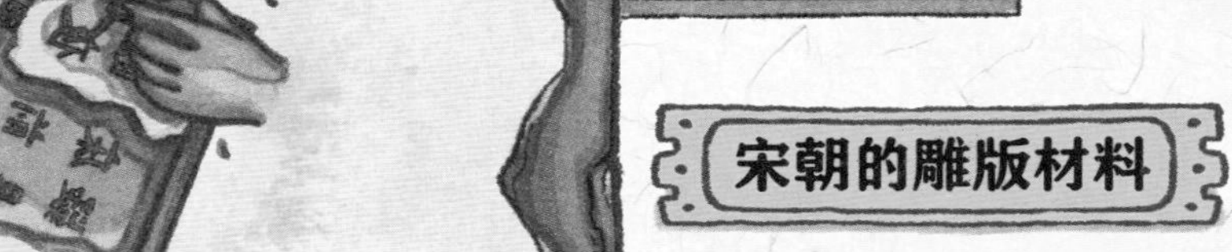

2. 刻字

用刀剔除木板上没有字的部分，木板上仅留下字体突出的阳文。

3. 清洗

用热水冲洗雕好的板。

4. 印刷

在雕版上均匀地涂刷墨汁，接着把纸覆盖在上面，用刷子轻刷纸背。待纸上印出完整内容后，揭起并阴干。

宋朝的雕版材料

宋朝是雕版印刷的全盛时期，那时的人们多选用较好的梨木或枣木作为雕版材料，所以人们有时会以“付之梨枣”来指代雕版刊印书籍。

最早的纸币

雕版印刷的出现和普及，不仅推动了书籍的批量印制，还促进了纸币的诞生。早在北宋时期，四川民间商号就开始使用一种叫作“交子”的纸币了，这也是目前世界上最早使用的纸币哦！

唐朝印刷品

1900 年，人们在敦煌千佛洞里发现了一卷印刷精美的《金刚经》，卷尾写有“咸通九年”（868 年）等字样。这是目前世界上最早的明确刊刻时间的雕版印刷品。

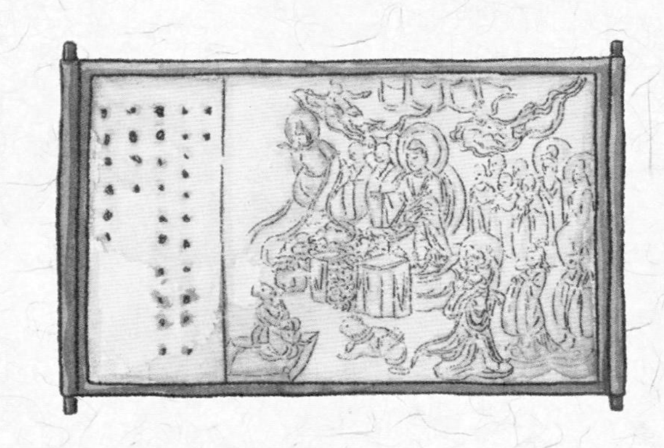

活字印刷术

雕版印刷的出现令书籍的印刷变得方便不少，可制作版片费钱费时，一旦出现错别字，改起来也非常麻烦，有时候可能还得整块重刻。另外，木质板片还存在着变形、虫蛀、腐蚀等损坏的风险，并且存放版片也要占用大量空间。

北宋时期，毕昇所发明的“胶泥活字”完美解决了这些问题。印刷前，古人先将单字刻在小泥块上，一字一块。印刷时，拼合、排列字块，制成版面。这样一来，制版时间不仅大大缩短，活字还可重复使用，而且更容易收纳存储。

元朝时，科学家王祯创制出木活字检索系统——轮盘检字。工匠坐在两个圆盘中间，通过转动轮盘拣取需要的字。
活字印刷过程
1. 刻字
用胶泥做成许多大小一样的方块，在其中的一端刻上反体单字。
2. 烧制
用火烧硬活字。为能在同一版内重复使用，常用的字都会备有个甚至几十个活字。
3. 储存
按音韵分活字，以便快速拣字。
4. 排字
在带框的铁板上铺一层松脂、蜡、纸灰的混合物，将拣好的活字按顺序排满整个铁框，然后放在火上烘烤，熔化混合物。
5. 固版
用平板趁热按压活字，使字面平整。等混合物冷却凝固后，版型就制好了。
6. 印刷及拆板
在版型上刷墨，覆纸印制。印完后，取下活字，归还原位，以备下次再用。

玉石

自古以来，珠宝配饰就是身份与财富的象征。其中，有一种宝石被赋予了特殊的意义，在中国已绵延传承了 7000 多年。从皇权贵族到文人墨客，从祭祀礼器到日常配饰，我们在生活中处处都能见到它的身影。它就是玉石。

玉石可以说是见证了整个中国古代文明的发展历程，而它也是中华传统文化的重要组成部分。

早在原始社会，古人就认为玉石具有“灵性”了，早期的玉器有些被雕刻成法器，比如玉琮、玉璧；有些被雕刻成用于祭祀“神灵”的动物的形状，比如玉猪、玉鱼、玉虎等。

到了封建社会，玉石晶莹温润，被认为有“君子之德”，贵族阶层纷纷佩带玉饰自比君子。直到宋朝以后，玉器才真正开始在民间流行开来。民间玉器大多以花鸟、人物为题材，惟妙惟肖，充满了生活气息。

玉琮

商朝玉猪

战国组玉佩

战国瑞兽玉佩

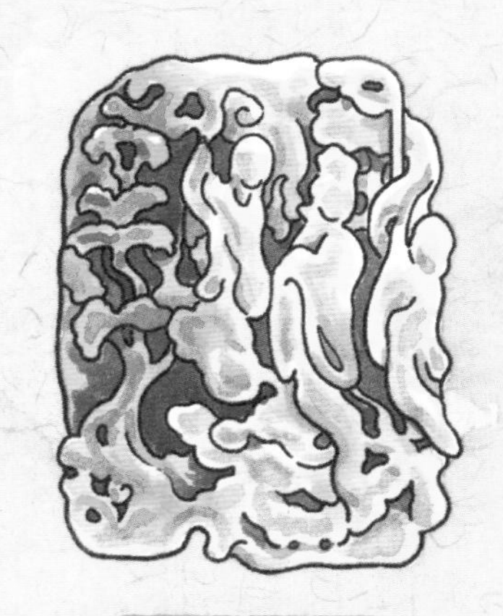

战国仙女纹玉饰

各种各样的玉

“玉”指美好的石头，因此古人所说的“玉”，除了真玉(即角闪石)以外，还包括蛇纹石、绿松石、水晶、玛瑙等其他矿石。

中国是世界上最早开采和使用玉的国家，各种玉石的矿脉资源十分丰富，历史上著名的玉石产地有新疆维吾尔自治区的和田地区、河南省南阳市的独山、陕西省的蓝田县、辽宁省的岫(xiù)岩满族自治县。久负盛名的“和田玉”就因其产地而得名。

绿松石

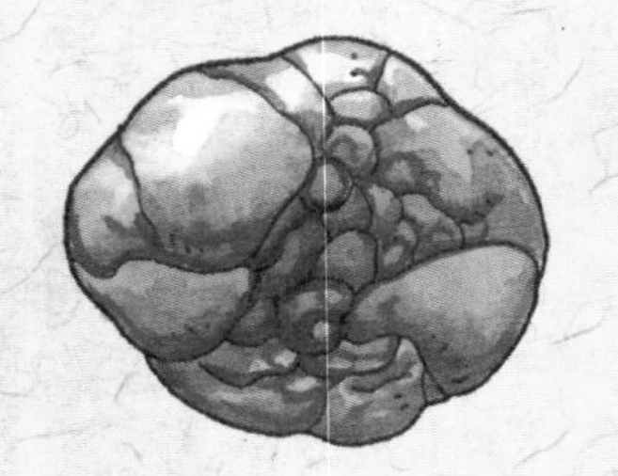

蛇纹石

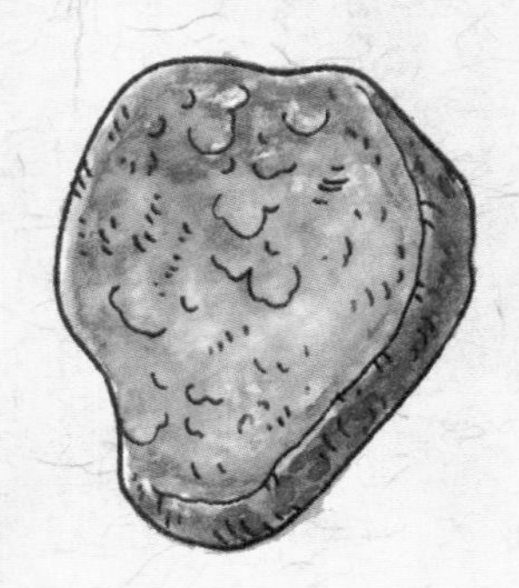

水晶

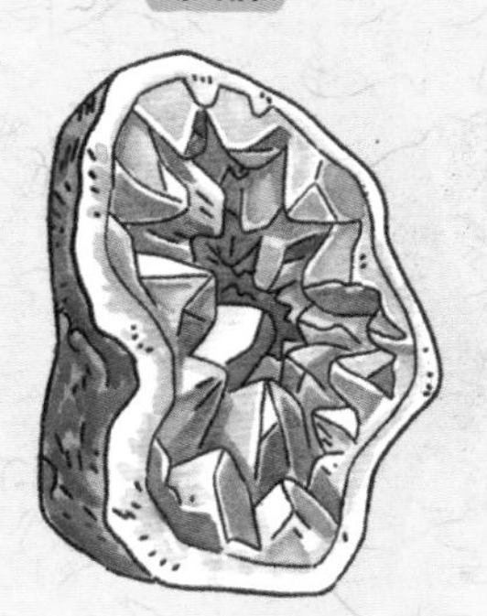

玛瑙

玉雕类型

古代的玉雕大致可分为线雕、圆雕、浮雕、透雕等类型，其工艺在明清时期达到了巅峰。玉雕主要集中在苏州和扬州两个地区，也就是玉雕业内颇有名气的“苏工”和“扬工”。

琢玉

古代将玉器制作称为琢玉。一件玉器要经历采玉、开玉、打磨、雕琢、抛光等一系列繁复的步骤才能完成，我们现在所使用的“琢磨”“切磋”等词皆出自琢玉的过程。

琢玉的过程

玉

古代玉石采集一般在矿井河床中进行。矿井中采的硬玉（翡翠）”，河床中采是“软玉（和田玉籽料）”。

开玉

磨洗掉玉石表面的砂石，将大块的玉石开解成小块的玉料，便于加工。

打磨

磨玉的轮子叫砣（tuó），将玉料用砣粗磨出大致形状后，再根据器型进行细磨。

雕琢

雕琢花纹，古人也将这一步称为上花。

抛光

用木头、牛皮等不同的材质将玉抛出不同的亮度。